梦 想 的 力 量

拼音版

成才必备的

社会安全小百科

SHEHUI ANQUAN XIAO BAIKE

芦 军 编著

安徽美术出版社
全国百佳图书出版单位

图书在版编目（CIP）数据

成才必备的社会安全小百科 / 芦军编著. —合肥：
安徽美术出版社，2014.6（2021.8重印）
（梦想的力量）
ISBN 978-7-5398-5056-6

Ⅰ.①成… Ⅱ.①芦… Ⅲ.①公共安全－安全教育－少儿读物
Ⅳ.①X956-49

中国版本图书馆CIP数据核字（2014）第106771号

出 版 人：王训海　　　　　　责任编辑：张婷婷
责任印制：缪振光　　　　　　责任校对：陈芳芳
版式设计：北京鑫骏图文设计有限公司

梦想的力量

成才必备的社会安全小百科

Mengxiang de Liliang　Chengcai Bibei de Shehui Anquan Xiao Baike

---

出版发行：安徽美术出版社（http://www.ahmscbs.com/）
地　　址：合肥市政务文化新区翡翠路1118号出版传媒广场14层
邮　　编：230071
经　　销：全国新华书店
营 销 部：0551-63533604（省内）0551-63533607（省外）
印　　刷：河北省廊坊市永清县晔盛亚胶印有限公司
开　　本：880mm×1230mm　1/16
印　　张：6
版　　次：2015年6月第1版　2021年8月第2次印刷
书　　号：ISBN 978-7-5398-5056-6
定　　价：29.80元

目录

huà xué yào pǐn jiàn dào yǎn li zěn me bàn
化学药品溅到眼里怎么办 ·················· 1

lù yù chǒng wù zěn me bàn
路遇宠物怎么办 ·················· 3

rú hé yù fáng huǒ zāi
如何预防火灾 ·················· 5

fā shēng huǒ zāi zěn me bàn
发生火灾怎么办 ·················· 7

huǒ shì gāng qǐ shí zěn me bàn
火势刚起时怎么办 ·················· 9

rú hé ān quán chéng zuò diàn tī
如何安全乘坐电梯 ·················· 11

kùn zài diàn tī li zěn me bàn
困在电梯里怎么办 ·················· 13

shāo shāng hòu zěn me bàn
烧伤后怎么办 ·················· 15

gòu wù shí rú hé fáng dào
购物时如何防盗 ·················· 17

梦 想 的 力 量

mò shēng rén qiāo mén zěn me bàn
陌生人敲门怎么办 ·········· 20

fā xiàn jiā li yǒu dào zéi zěn me bàn
发现家里有盗贼怎么办 ·········· 22

zǒu yè lù hài pà zěn me bàn
走夜路害怕怎么办 ·········· 24

rú hé fáng zhǐ jīng shén bìng rén de shāng hài
如何防止精神病人的伤害 ·········· 26

shén me shì zhèng dàng fáng wèi
什么是正当防卫 ·········· 28

rú hé bō dǎ jǐn jí diàn huà qiú zhù
如何拨打紧急电话求助 ·········· 31

rú hé lì yòng shēn biān de wù pǐn zì wèi
如何利用身边的物品自卫 ·········· 33

rú hé yǔ bù fǎ qīn hài zhě zuò dòu zhēng
如何与不法侵害者作斗争 ·········· 35

rú hé fáng zhǐ xìng qīn hài
如何防止性侵害 ·········· 37

rú hé fǎn jī xìng qīn hài
如何反击性侵害 ·········· 40

nǚ tóng xué rú hé yìng duì xìng sāo rǎo
女同学如何应对性骚扰 ·········· 46

rú hé dǐ zhì huáng sè shū kān de qīn hài
如何抵制黄色书刊的侵害 ·········· 48

zěn yàng jiàn kāng de wán diàn zǐ yóu xì
怎样健康地玩电子游戏 ·········· 50

rú hé ài hù gōnggòng wèi shēng
如何爱护公共卫生 ·················· 52

rú hé duì dài mí xìn huó dòng
如何对待迷信活动 ·················· 54

rú hé shí bié jiāo tōng xìn hào dēng
如何识别交通信号灯 ·················· 56

rú hé ān quán qí chē guò lù kǒu
如何安全骑车过路口 ·················· 58

rú hé tíng fàng zì xíng chē
如何停放自行车 ·················· 59

rú hé ān quán qí chē
如何安全骑车 ·················· 61

rú hé ān quánchéng zuò chū zū chē
如何安全乘坐出租车 ·················· 64

rú hé bì ràng jī dòng chē
如何避让机动车 ·················· 66

yù dào jiāo tōng shì gù zěn me bàn
遇到交通事故怎么办 ·················· 68

shàng xué yù dào dǔ chē zěn me bàn
上学遇到堵车怎么办 ·················· 70

xíng zǒu shí qì chē yíngmiàn ér lái zěn me bàn
行走时汽车迎面而来怎么办 ·················· 72

rú hé yìng duì zhuǎn wān de chē liàng
如何应对转弯的车辆 ·················· 74

rú hé yìng duì qì chē jí shā chē
如何应对汽车急刹车 ·················· 76

gōng jiāo chē shang yù dào liú máng zěn me bàn
公交车上遇到流氓怎么办 ························· 78

tóng xué jiào nǐ qù mǎ lù biān tī qiú zěn me bàn
同学叫你去马路边踢球怎么办 ············· 80

yù dào tè zhǒng chē jīng guò zěn me bàn
遇到特种车经过怎么办 ····················· 82

chéng huǒ chē rú hé fáng dào qiǎng
乘火车如何防盗抢 ······························· 84

rú hé ān quánchéng fēi jī
如何安全乘飞机 ·································· 88

化学药品溅到眼里怎么办

上实验课时，有时会出现一些小意外。在做试验的时候，化学物品就极有可能溅到我们的眼睛里。所以在做试验的时候，我们一定要格外小心啊！

rú guǒ huà xué yào shuǐ jiàn
如果化学药水溅
dào nǐ de yǎn li　　lǎo shī yòu
到你的眼里，老师又
gāng hǎo bù zài　　nǐ gāi zěn me
刚好不在，你该怎么
bàn ne
办呢？

zhè shí qiān wàn bù néng
这时千万不能
yòng shǒu qù róu yǎn jing　　nà yàng
用手去揉眼睛，那样
zhǐ huì lìng qíng kuàng gèng zāo
只会令情况更糟。
lì kè yòng qīng shuǐ bù duàn chōng
立刻用清水不断冲

xǐ jìn le huà xué yào pǐn de yǎn jing　　zài chōng xǐ de guò chéng zhōng yào bù
洗进了化学药品的眼睛。在冲洗的过程中要不
duàn de zhǎ yǎn　　rú guǒ chōng xǐ hòu yǎn jing réng cì tòng bù yǐ　　yīng mǎ
断地眨眼，如果冲洗后眼睛仍刺痛不已，应马
shàng qù yī yuàn jiù zhěn　　qù yī yuàn shí　　yào dài shàng jiàn rù nǐ yǎn jing
上去医院就诊。去医院时，要带上溅入你眼睛
de yào pǐn de bāo zhuāng　　yǐ biàn yú yī shēng liǎo jiě bìng qíng　　jí shí
的药品的包装，以便于医生了解病情，及时
jiù zhì
救治。

路遇宠物怎么办

如果在路上遇到被遗弃的小动物，千万不要随便地把它抱回家，可以和小动物救助中心之类的相关部门联系，给予它们帮助。

小动物身上携带着很多的病菌，很有可能会危害到我们的健康。所以不要随便去逗它们，也要防止它们攻击自己。在没有把小动物送往救助中心前，要和宠物保持一定的距离，注意卫生，与宠物相处

3

时不要过分亲密，尤其不可以亲它们。

抚弄宠物时，手心向下，慢慢接近它，如果手心向上，宠物会觉得你要打它；不要突然惊吓它，否则容易被抓伤；当自己身上有伤口时，不要和宠物亲昵，以防宠物的唾液感染伤口。

如果不小心被宠物抓伤或者咬伤，要立即用水冲洗伤口，并且24小时内去医院打预防针。

如何预防火灾

引起火灾的原因很多，平时积极预防，才能避免火灾，以免引起不必要的损失。

首先不要因为好奇而玩火，更不要在建筑物附近或者易燃易爆品附近燃放烟花爆竹，如果有人这么做，要立即制止；如果停电了，需要点蜡烛来照明，一定要在离开时记得将它熄灭，而且，千万不能在蚊帐里点着蜡烛看书；点蚊香及其

tā míng huǒ shí
他 明 火 时
yī dìng yào zhù
一 定 要 注
yì bù yào zài
意 不 要 在
yì rán yì bào
易 燃 易 爆
pǐn fù jìn
品 附 近,
ér qiě yào fàng
而 且 要 放

zài bù yì bèi rén pèng dǎo huò bù yì bèi fēng chuī dào de dì fang zài shǐ
在不易被人碰倒或不易被风吹到的地方；在使
yòng jiā yòng diàn qì de shí hou yī dìng yào zài chū mén zhī qián jì de guān
用家用电器的时候，一定要在出门之前记得关
diào bìng shǐ zhī lěng què fàng zài yuǎn lí yì rán pǐn de dì fang
掉，并使之冷却，放在远离易燃品的地方。

píng shí yào duō liǎo jiě xiāo fáng zhī shi bìng xué huì miè huǒ qì de
平时要多了解消防知识，并学会灭火器的
shǐ yòng fāng fǎ zài huǒ zāi zào chéng de shāng hài zuì xiǎo shí jí shí
使用方法，在火灾造成的伤害最小时，及时
è zhì huǒ shì
遏制火势。

fā shēng huǒ zāi zěn me bàn
发生火灾怎么办

sú huà shuō　　shuǐ huǒ wú qíng　　yī dàn fā shēng le huǒ zāi　　bì jiāng
俗话说：水火无情。一旦发生了火灾，必将

huì gěi wǒ men de cái chǎn zào chéng sǔn shī　　yán zhòng de hái huì wēi xié dào
会给我们的财产造成损失，严重的还会威胁到

wǒ men de shēng mìng　　rú guǒ wǒ men shēn chǔ huǒ zāi xiàn chǎng　　wǒ men gāi
我们的生命。如果我们身处火灾现场，我们该

cǎi qǔ shén me yàng de cuò shī　　cái néng bǎo zhèng zì jǐ de shēng mìng
采取什么样的措施，才能保证自己的生命

ān quán ne
安全呢？

shǒu xiān bù yào jīng huāng
首先不要惊慌，

yòng shī máo jīn wǔ zhù kǒu bí
用湿毛巾捂住口鼻，

fáng zhǐ bèi nóng yān qiàng yūn　　rú
防止被浓烟呛晕。如

guǒ shǒu biān yǒu diàn huà　　jiù gǎn
果手边有电话，就赶

kuài bō dǎ　　　bào jǐng　　zài táo
快拨打119报警。在逃

shēng shí　　yào jǐn liàng dī tóu wān
生时，要尽量低头弯

yāo huò pú fú qián jìn
腰或匍匐前进。

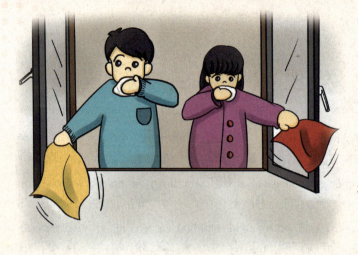

被烟火围困时，尽量待在阳台、窗口等易被人发现和能避免烟火近身的地方。白天可向窗外晃动鲜艳的衣物等，在晚上可用手电筒不停地在窗口闪动和敲击东西，及时发出有效求救信号。在被烟气窒息失去自救能力时，应努力滚到墙边或门边，以便于消防人员寻找、营救，也可防止房屋塌落时伤到自己。

huǒ shì gāng qǐ shí zěn me bàn

火势刚起时怎么办

yù dào huǒ zāi　　yīng jí shí bō dǎ　　　bào jǐng　rú guǒ nǐ yù dào
遇到火灾，应及时拨打119报警。如果你遇到

le yī xiē qīng wēi de huǒ qíng　zhī dào rú hé chǔ lǐ ma　　xià miàn ràng wǒ
了一些轻微的火情，知道如何处理吗？下面让我

lái gào sù nǐ yī xiē xiǎo cháng shí ba
来告诉你一些小常识吧！

　　　shuǐ shì zuì cháng yòng de miè huǒ jì　　mù tou　zhǐ zhāng mián
1. 水是最常用的灭火剂，木头、纸张、棉

bù děng qǐ huǒ　　kě yǐ zhí jiē yòng shuǐ pū miè
布等起火，可以直接用水扑灭。

2.用土、沙子、浸湿的棉被或毛毯等迅速覆
盖在起火处，可以有效地灭火。

3.用扫帚、拖把等扑打，也能扑灭小火。

4.油类、酒精等起火，不可用水去扑救，可
用沙土或浸湿的棉被迅速覆盖。

5.煤气起火，可用湿毛巾盖住火点，迅速切
断气源。

6.电器起火，不可用水扑救，也不可用潮湿
的物品捂盖。水是导体，这样做会发生触电。正
确的方法是首先切断电源，然后再灭火。

rú hé ān quán chéng zuò diàn tī
如何安全乘坐电梯

suí zhe chéng shì nèi gāo céng jiàn zhù de zēng duō　diàn tī de shǐ yòng yuè
随着城市内高层建筑的增多，电梯的使用越

lái yuè guǎng fàn　tā wèi wǒ men de shēng huó tí gōng le jí dà de fāng biàn
来越广泛。它为我们的生活提供了极大的方便，

dàn suí zhī ér lái de shāng wáng shì gù yě shì chù mù jīng xīn de
但随之而来的伤亡事故也是触目惊心的。

diàn tī fēn wéi lù tiān de hé xiāng shì de　rú guǒ chéng zuò lù tiān diàn
电梯分为露天的和厢式的。如果乘坐露天电

tī　yīng miàn cháo fú tī de yùn xíng fāng xiàng shǒu wò zhù fú tī liǎng cè de
梯，应面朝扶梯的运行方向，手握住扶梯两侧的

fú shǒu　jiǎo yīng zhàn zài tà bǎn sì zhōu huáng xiàn yǐ nèi　fáng zhǐ kù jiǎo
扶手，脚应站在踏板四周黄线以内，防止裤脚

biān juǎn rù diàn tī zhōu
边卷入电梯周

biān de fèng xì zhōng
边的缝隙中。

rú guǒ chéng zuò xiāng shì
如果乘坐厢式

diàn tī　zài děng hòu
电梯，在等候

diàn tī shí　xiān àn yī
电梯时，先按一

xià yào qù de shàng xíng
下要去的上行

或下行方向按钮，灯亮后即可松手等候，不要将上下按钮同时按下，更不要用手拍打电梯门。电梯都有一定的载重量，当乘客满了之后，报警系统就会发出蜂鸣，这时，可以等下趟电梯，千万不可争先抢上，以免发生意外。

总之一句话，不管坐哪种电梯都要小心，不要推挤别人，不能在电梯上蹦跳、打闹，如果带有宠物，则必须抱着。低年级的小学生在乘坐时，要由大人陪同。

困在电梯里怎么办

很多小朋友喜欢乘坐电梯上上下下，不知疲惫。但是如果被困在电梯里了，你知道该如何脱险吗？如果电梯发生故障，自己被困在电梯中，首先要保持镇静，不要惊慌，电梯内若有管理员，一定要听从其指挥，切忌乱挤乱动。

如果没有电梯管理员，可以用电梯内的电话或对讲机求救，在电话中

要报清自己所在的楼号、楼层。或者也可以按下电梯内标盘上的警铃，或脱下鞋用鞋底用力拍门。如果一时无人接应，也不必紧张或害怕，要耐心等待，保持体力，等候营救。

在这里还要提醒一下，被困在电梯里时，千万不要试图撬开电梯门爬出去，因为电梯随时会启动，这样可能会造成很大的危险。

烧伤后怎么办
shāo shāng hòu zěn me bàn

在用火或有火的地方，一不小心就会引火上身。所以，我们平时就要注意防火，但是如果真的被火烧伤了，怎么办呢？

我们应该检查自己身上的伤口，视烧伤情况不同采取相应的措施。如果只是轻微的烧伤。那么可以把受伤部位放在自来水下冲洗，或是在冷水中浸泡至少10分钟。这样可以减轻疼痛，并且减轻伤害。

然后用一块干净、潮湿的软布将伤口轻轻地包扎好。

如果烧伤严重，此时不要急于把衣物从身体上脱下来，以免将伤口撕裂，加重伤势。而是找一块干净的衣物包住受伤部位，然后迅速到医院进行救治。烧伤时，皮肤表面会有创口，但自己千万不要在上面涂抹药物，否则医生在处理烧伤之前还要清理伤口，严重的还会导致感染。

gòu wù shí rú hé fáng dào
购物时如何防盗

rén liú liàng dà de dì fang wǎng wǎng shì qiè zéi men zuò àn de hǎo dì
人流量大的地方往往是窃贼们作案的好地

fang xiàn zài yuè lái yuè duō de chāo shì gěi wǒ men de shēng huó tí gōng le fāng
方。现在越来越多的超市给我们的生活提供了方

biàn tóng shí yě gěi xiǎo tōu men tí gōng le xīn de zuò àn chǎng suǒ wǒ men
便，同时也给小偷们提供了新的作案场所。我们

zài chāo shì gòu wù shí yào zuò hǎo fáng dào de zhǔn bèi yǐ miǎn zāo shòu sǔn
在超市购物时，要做好防盗的准备，以免遭受损

shī yào suí shí liú xīn zì jǐ de qián bāo yǒu rén rèn wéi bǎ qián fàng zài yǐn
失。要随时留心自己的钱包。有人认为把钱放在隐

蔽的地方，就没事了。事实并非如此，窃贼瞄准了这个规律，常利用人多拥挤时，轻易地将你的钱偷走。在柜台前挑选商品或试衣服时，也要保持警惕。如果发现有人在你身边挤来挤去，要

把自己的挎包置于胸前。

当超市出售紧俏商品时，先不要急于挤上前去，而应把所需要的钱拿出来，把不用的钱放好，然后再上前购买商品。

丢失物品后报

案时，别忘了告诉警察你的家庭地址、姓名、联系方式。因为窃贼得手后，常常把无用的东西扔掉，如果没有及时报案或报案时未讲清情况，会给公安机关破案及破案后的发还工作带来困难。

如果发现有人不怀好意地跟在自己身边，千万不要紧张害怕，可以走到超市里装有摄像头的地方，小偷就不敢下手了。你也可以向身边的超市内部人员求救，将不法分子抓获。

若小偷在偷东西时被你发现了，应当立即向公安人员或商店保卫人员报告。千万不要尝试与小偷单打独斗，可以大喊"抓贼"，让大家一起制服小偷。

陌生人敲门怎么办

mò shēng rén qiāo mén zěn me bàn

如果你自己在家，有人敲门千万不可盲目开门，应先从门镜观察或隔门问清楚来人的身份，如果是陌生人，不应开门。

如果有人以推销员、修理工等身份要求开门，可以说明家中不需要这些服务，请他们离开；如果有人以家长同事、朋友或者远房亲戚的身份要求开门，也不能轻信，可以请他们等家长回家后再来。

那你等我爸爸回来再来吧！

我是你爸爸叫来修理电器的！

遇到陌生人不肯离去，坚持要进入室内的情况，可以声称要打电话报警，或者到阳台、窗口高声呼喊，向邻居、行人求援，使他们离去。还有，不要邀请不熟悉的人到家中做客，以防给坏人可乘之机。

fā xiàn jiā li yǒu dào zéi zěn me bàn

发现家里有盗贼怎么办

rú guǒ yǒu yī tiān　nǐ zài zì jǐ de jiā li fā xiàn le qiè zéi　yī
如果有一天，你在自己的家里发现了窃贼，一

dìng bù yào chū shēng xiān bǎ zì jǐ cáng qǐ lai　zhí dào nǐ què dìng ān quán
定不要出声，先把自己藏起来，直到你确定安全

le　cái chū lai　rú guǒ qiè zéi yǐ jīng fā xiàn nǐ le　yìng jī zhì líng
了，才出来。如果窃贼已经发现你了，应机智灵

huó　suí jī yìng biàn　bì miǎn yǔ dào qiè fèn zǐ zhèng miàn chōng tū　yǐ
活，随机应变，避免与盗窃分子正面冲突，以

miǎn shòu dào shāng
免受到伤

hài　zài qí lí qù
害。在其离去

hòu　xùn sù bào àn
后，迅速报案。

rú guǒ nǐ cóng
如果你从

wài mian huí lai　fā
外面回来，发

xiàn jiā li yǒu qiè zéi
现家里有窃贼

zhèng zài zuò àn　yào
正在作案，要

bǎo chí lěng jìng　qiè
保持冷静，切

wù dà chǎo
勿 大 吵

dà nào yě
大 闹，也

qiān wàn bù yào
千 万 不 要

zhí jiē chuǎng
直 接 闯

jìn qù zhì
进 去 制

zhǐ ér yīng
止，而 应

gāi xùn sù dào wài miàn xún qiú lín jū xíng rén yǐ jí xún luó mín jǐng de bāng
该 迅 速 到 外 面 寻 求 邻 居、行 人 以 及 巡 逻 民 警 的 帮

zhù rú guǒ fā xiàn yǐ jīng dé chěng bìng zhǔn bèi lí kāi zuò àn xiàn chǎng
助。如 果 发 现 已 经 得 逞 并 准 备 离 开 作 案 现 场

de qiè zéi yào jì zhù tā men de tè zhēng hé táo lí qù xiàng yě kě yǐ
的 窃 贼，要 记 住 他 们 的 特 征 和 逃 离 去 向；也 可 以

jì xià tā men chē liàng de xíng hào yán sè chē pái hào mǎ yǐ biàn
记 下 他 们 车 辆 的 型 号、颜 色、车 牌 号 码，以 便

xiàng gōng ān bù mén bào gào xié zhù pò àn
向 公 安 部 门 报 告，协 助 破 案。

走夜路害怕怎么办

有些时候我们要较晚回家，走夜路是避免不了的。夜间行路，要有所防范，以增加安全感，减少惊慌、害怕的心理感觉。

走夜路时尽量选择路灯明亮的大街作为路线，不要为抄近道而走偏僻的小巷；如果有同一

方向的同学最好结伴而行，人多了，遭遇歹徒袭击的可能性就小；要在人行道外侧走，如果人行道窄，就在马路边走，这样即使有歹徒埋伏在小巷里也不可能一下子接近你；要在马路左侧走，因为常有汽车迎面开来，歹徒不容易从背后袭击你；如果身上有包，包不要朝着马路一边，以防歹徒飞车抢劫；如果发现有人跟踪你，最好去一些热闹的场所，比如大商场、超市、餐厅等，然后通知家人来接你；如果路上只有你一人行走，为了安全，还是乘出租车回家为好，最好送到家门口，请司机等你进了屋或者家人出来接再离开。

了解了以上一些走夜路的常识，遇到事情时随机应变，走夜路自然就不再那么害怕了。

如何防止精神病人的伤害
rú hé fáng zhǐ jīng shén bìng rén de shāng hài

在大街上，我们有时候会看到一些衣冠不整、肮脏邋遢、行为怪异的人，这些人就是精神病人。由于他们的思维和心理不正常，有时候可能会对我们做出攻击行为。不少人往往受到精神病人的伤害，而有苦无处诉。

为了避免受到他们的伤害，我们要尽快远离、躲避，不要围观。不要挑逗、取笑、戏弄、刺激精神病患者，以免招致伤害。

26

dāng kàn dào jīng shén bìng rén zuò chū shāng hài tā rén de jǔ dòng shí yīng
当看到精神病人做出伤害他人的举动时，应

dāng xiàng lǎo shī jǐng chá huò qí tā chéng nián rén bào gào tóng shí bèi
当向老师、警察或其他成年人报告。同时，被

shāng hài zhě yě yīng cǎi qǔ zhèng dàng fáng wèi cuò shī
伤害者也应采取正当防卫措施。

什么是正当防卫

正当防卫是在紧急状态下，为了保护合法权益而派生的一种权利。这是我国法律赋予每个公民的合法权利，它能使每个公民在面临不法侵害时，通过对不法分子造成一定人身或财产的损害，来保护自身的合法权益或保护公共利益。比如，小偷入室盗窃时，被主人发现，小偷转

而用刀威胁，这时盗窃已经转化为抢劫了。对于抢劫，在

正当防卫中，即使主人把抢劫者打死也不用负法律责任。

我国刑法第20条规定："为了使国家、公共利益、本人或者他人的人身、财产和其他权利免受正在进行的不法侵害，而采取的制止不法侵害并对不法侵害人造成损害的行为，属于正当防卫，不负刑事责任。"

正当防卫权利不是随时都可以任意行使的。如果行使不当，或者滥用这种权利，不但达不到正当防卫的目的，反而可能对他人造成不应有的损害，危害社会，构成犯罪。因此，进行正当防卫必须遵守一定的条件。

如何把握正当防卫的度呢？根据我国刑法的上述规定，在现实生活中，认定行为人可以实施正当防卫须同时具备以下条件：①有正在发

生的不法侵害；②必须是正在进行的不法侵害；③必须是出于为了使国家、公共利益、本人或者他人的人身、财产权利免受不法侵害的目的；④必须针对不法侵害者本人实施，不能针对第三者；⑤不能明显超过必要限度，造成重大损害。上述条件缺一不可。

我要告诉警察你打人啊！

我有正当防卫权！！

如何拨打紧急电话求助

如果发现有人流血受伤或者不省人事，要打120求助。电话通了之后，将病人的病情简单说明，如果知道病人生病、受伤的原因，也最好说明，然后说出病人的详细地址。你也可到路口去迎接救护车，以免救护车因找不到病人的地址而延误时间。

如果发现坏人，或者碰到紧急的事可以打110报警求助。110报警电话是维护治安、服务社会、保障公民生命财产安全的重要工

jù qiān wàn bù
具，千万不
néng suí yì bō
能 随意拨
dǎ gèng bù néng
打，更不能
è yì sāo rǎo
恶意骚扰。
rú guǒ suí biàn bō
如果随便拨
dǎ huò shǐ
打 110 或 使

yòng bào jǐng fú wù diàn huà bào jiǎ àn děng zào chéng yī dìng yǐng xiǎng
用 110 报警服务电话报假案等，造成一定影响
huò yán zhòng hòu guǒ de yǒu guān bù mén jiāng yī fǎ yǔ yǐ chǔ lǐ
或严重后果的，有关部门将依法予以处理。

rú guǒ fā xiàn yǒu dì fang shī huǒ yīng bō dǎ huǒ jǐng diàn huà bào
如果发现有地方失火，应拨打火警电话 119。报
jǐng shí yào jiǎng qīng chu zháo huǒ dì diǎn shuō míng shén me dōng xi zháo huǒ le
警时要讲清楚着火地点，说明什么东西着火了，
huǒ shì zěn yàng
火势怎样。

bō dǎ zhè xiē diàn huà hòu dōu yào shuō míng zì jǐ de xìng míng diàn
拨打这些电话后，都要说明自己的姓名、电
huà hào mǎ hé zhù zhǐ dài duì fāng guà duàn diàn huà hòu nǐ zài guà jī
话号码和住址，待对方挂断电话后，你再挂机。
yǒu xiē qíng kuàng xia yào bǎo hù xiàn chǎng bù yào luàn dòng xiàn chǎng de
有些情况下，要保护现场，不要乱动现场的
rén hé wù
人和物。

如何利用身边的物品自卫

rú guǒ dǎi tú zài nǐ háo wú zhǔn bèi shí duì nǐ xí jī nǐ yī dìng yào
如果歹徒在你毫无准备时对你袭击，你一定要

xué huì lì yòng shēn biān de wù pǐn zì wèi
学会利用身边的物品自卫。

rú guǒ zài kè tīng kě yǐ lì yòng sào zhou luó sī dāo chá
1.如果在客厅，可以利用扫帚、螺丝刀、茶

bēi yān huī gāng pí xié děng wù pǐn xiàng tā huán jī rú guǒ shēn biān
杯、烟灰缸、皮鞋等物品向他还击。如果身边

yǒu yǐ zi kě yǐ zhuā zhù yǐ zi de jiǎo gēn jù dǎi tú shǒu zhāng de xiōng
有椅子，可以抓住椅子的脚，根据歹徒手中的凶

qì jìn xíng zì wèi ràng yǐ zi qǐ dào dùn pái de zuò yòng duì fāng huán jī
器进行自卫，让椅子起到盾牌的作用。对方还击

shí kě zhuā zhù yǐ
时，可抓住椅

jiǎo yòng lì xiàng
脚，用力向

dǎi tú shuǎi qù
歹徒甩去。

rú guǒ zài
2.如果在

chú fáng kě yǐ jiāng
厨房，可以将

yóu hú jiàng yóu
油壶、酱油

瓶、锅、铲、碗、面粉等物迅速砸向歹徒的脸部，最好能对准眼睛还击，使坏人的视力受到损害，你就有机会逃跑。

3. 如果在卧室，你可以用被子或衣服，将歹徒的头部蒙上，再拿东西砸歹徒。

4. 如果手边有尖锐物时，比如铅笔、钢笔、发簪等物，迅速向接近的歹徒的眼睛狠狠刺去，达到伤害歹徒眼睛的目的。

遇到歹徒时，只要保持冷静的头脑，机智勇敢地抓住时机，就会战胜歹徒。

如何与不法侵害者作斗争
rú hé yǔ bù fǎ qīn hài zhě zuò dòu zhēng

社会上的一些不法分子，为了某种目的，
常会以青少年学生作为侵害对象。如果遇到
了歹徒，你应该怎么做呢？如果发现被歹徒盯
上，不能惊慌，要保持头脑清醒、要镇定。同
时，根据自己的体力和心理状态、周围情况、
歹徒的动机来决定对策。如果被歹徒纠缠，应

高声喝令
其走开，并
以随身携带
的雨伞和就
地捡到的木
棍、砖块等

作防御，同时迅速跑向人多的地方。

如果遇到凶恶的歹徒，可机智应对，奋力反抗，以免受伤害。反抗时，要大声呼喊以震慑歹徒；动作要突然迅速，打击歹徒的要害部位，在此过程中要不断寻找机会脱身。

如果侵害行为已经发生，一定要采取种种手段，不让侵害人逃离现场，要继续与侵害人周旋，并发出呼救信号，迅速记住侵害人的相貌、身高、口音、衣着、身上带的物品、逃离方向等情况，待事后立即向民警或公安部门报告。比如遇到拦路抢劫的歹徒，可以将身上少量的财物交给歹徒后，再与其周旋，记住歹徒的特征后，马上向有关部门报告。

rú hé fáng zhǐ xìng qīn hài
如何防止性侵害

hěn duō nǚ tóng xué zài shēng lǐ shang zhú jiàn chéng shú　dàn xīn lǐ
很多女同学在生理上逐渐成熟，但心理
shang hái bù chéng shú　　hěn róng yì shàng dàng shòu piàn　　suǒ yǐ yào zēng
上还不成熟，很容易上当受骗。所以要增
jiā zì wǒ bǎo hù yì shí　fáng zhǐ xìng qīn hài fā shēng
加自我保护意识，防止性侵害发生。

dú zì wài chū shí yào xiǎo xīn jǐn shèn　gào su jiā rén zì jǐ qù shén
　1.独自外出时要小心谨慎，告诉家人自己去什
me dì fang　　hé shuí zài yī
么地方，和谁在一
qǐ　　qù gàn shén me
起，去干什么，
dà gài shén me shí hou huí
大概什么时候回
lai　　zǒu yè lù shí yào yǔ
来。走夜路时要与
tóng xué jié bàn ér xíng
同学结伴而行。
rú guǒ wú rén xiāng bàn
如果无人相伴，
yào zǒu yǒu lù dēng hé rén
要走有路灯和人
duō de lù xiàn　　yào suí shí
多的路线，要随时

爸爸，后面有个奇怪的人跟着我，你快出来接我啊！

注意是否有人尾随。如果有人骚扰和跟踪，就要大声呼救或向长者请求保护。千万不能惊慌失措，更不能向小路或偏僻的地方跑。

2．一个人在家里不要给陌生男人开门。如果被流氓抱住，你可以攻击其眼睛，或者其他要害部位，这些都是正当防卫。流氓致伤后必然去求医，就会自投罗网。如果被流氓推倒在床上，可用被子迅速罩住他的头，将他推倒后逃跑。还可以当他脱羊毛衫或其他套头衫遮住眼睛时，迅速一头将其撞倒。用脚踢或用其他物品打他的腹部，然后逃跑。

救命啊！这里有人想侵犯我啊！！

3. 去公共场合要注意自己的衣着打扮、言谈举止。不要穿太暴露、太紧身的衣服，更换衣物时也要选择安全的地方。不要随便与陌生人攀谈，不要随便告诉别人自己的姓名、家庭住址、电话号码等个人信息。

4. 交友一定要谨慎，不要与校外男青年有密切往来，不要与作风不检点的女同学交往。

5. 不要到公园的树林、假山或村外的河边、树下等僻静隐蔽处读书和复习功课，这类地方往往是流氓作案较多的场所。

6. 不要让陌生男人带路，不要单独搭乘陌生人驾驶的车辆，不要接受陌生人的馈赠。

7. 遇到流氓时，不能慌张、畏缩，一定要及时大声呼救，想办法及早脱险。

如何反击性侵害

由于生理和心理上的差异，面对性侵害，女同学应该怎么办呢？

1. 冷静对付。性侵犯突然降临，害怕是难免的。面对罪犯，受害者必须先控制自己的惊慌情绪，这样才有机会使施暴者平静下来；一味哭泣哀求只会令对方恼羞成怒，从而导致更严重的后果。

其实，犯罪分子在作案时都存在恐慌心理，他们既想满足自己的欲望，又担心案发后遭受牢狱之苦。所以，面对强暴，你不必惊慌失措，而应利用女孩儿容易被人相信的优势，去说服罪犯放弃犯罪行为。

2. 缓兵之计。一般来说，性侵犯行为是由强烈情绪冲动引起的，受害者应使用语言去缓和或减弱罪犯的这种冲动情绪，设法拖延这种行为的发生，以求得援助。如用语言表示顺从，然后提出要选择合适的时间、环境和有心理准备等条件，往往可以产生明显的效果。

3. 打击要害。如果前两种方法不能奏效，当性侵犯事件即将发生时，就需要打击对方的要害来保护自己。当你处在十分危险的情况下，直接受到犯罪分子威胁时，最有效的方法就是打击其要害部位。只要迅速、准确，便能即刻使其丧失侵袭能力。

打击要害部位是以小制大、以弱胜强的有效手段，一般不需要特殊的杀伤性武器，也不需要特别强大的力气，具体可有以下几种。

第一种，当罪犯还未近身时，应紧握拳头、咬紧牙关、怒目而视，这样会使罪犯产生一定的恐惧感。同时，要就地取材，打击罪犯。身边任意一种物件，如匕首、棍棒、石块、刀、剪子等，都可随手捡来作为工具。可用砖块、棍棒或拳头猛击罪犯的太阳穴。太阳穴在耳郭前、前额两侧、外眼角延长线的上方。而打击脑枕部则易造成致命的后果，因为脑枕部受打击极易形成脑震荡，这是对外力缓冲承受力最差的一个部位。

第二种，当罪犯近身时，如果罪犯抓住你一只手，你应迅速将手缩回，或用另一只手狠抓罪犯之手，或用口咬。当被罪犯抱住时，应用双手保护胸部，以免罪犯因贴近胸部乳房而增强性冲动，同时要突然、迅速、猛力向上提腿，以膝盖狠顶罪犯裆部，使罪犯疼痛难忍，从而停止犯罪行为。裆部是一个特殊部位，这里有生殖器官，是神经、血管分布最为密集的地方，因而对外界压、触极其敏感。以膝顶、脚踢、手揪、掐阴囊，可使罪犯休克甚至死亡。

第三种，当罪犯强吻时，应尽量将头向后扭，以避开嘴唇的接触。若罪犯将舌

tou shēn rù nǐ de kǒu zhōng　yīng guǒ duàn de jiāng qí yǎo duàn　rú guǒ yù
头 伸 入 你 的 口 中，应 果 断 地 将 其 咬 断。如 果 遇

dào jiǎo huá de zuì fàn　bù néng zhòng jì　yě kě yǎo qí bí jiān děng
到 狡 猾 的 罪 犯，不 能 中 计，也 可 咬 其 鼻 尖 等，

liú xià pò àn xiàn suǒ
留 下 破 案 线 索。

dì sì zhǒng　dāng zuì fàn jiāng nǐ shuāi dǎo shí　nǐ yīng xùn sù cè
第 四 种，当 罪 犯 将 你 摔 倒 时，你 应 迅 速 侧

shēn huò pā xià　rú guǒ zuì fàn jiāng nǐ fān guò lai　yā zài nǐ shēn
身 或 趴 下。如 果 罪 犯 将 你 翻 过 来，压 在 你 身

shang sī tuō yī kù　zhǔn bèi qiáng xíng wú lǐ shí　zhè zhèng shì nǐ jìn
上 撕 脱 衣 裤，准 备 强 行 无 礼 时，这 正 是 你 进

攻的好机会，因为罪犯的注意力已集中在被害

人的下身，此时，以下方法可以酌情选用：

可抓起地上的泥土或沙子抹他的眼睛；用

手狠捏其阴囊，可使其立即昏过去，甚至休克、

死亡；用玻璃划破其桡动脉（手腕上医师把脉

的位置）或划破其颈部的血管使其出血，甚至休

克；用双手呈"八"字形压迫罪犯的颈动脉

三角区，可立即导致其昏厥或死亡。

当然，与罪犯搏斗的自卫行为应适可而止。

女同学如何应对性骚扰

应对性骚扰的有效方法。

1. 以有效保护自己为原则，要明确这不是你的过错，不要因此责备自己。

2. 面对性骚扰者，勇敢地说"不"，不要采取容忍退避的态度，你越害怕，他越会得寸进尺。面对那些骚扰者，你越是害怕、胆怯，对方越是兴奋、猖狂。所以要坦然面对，勇敢反击。

3. 尽可能保留证

据以控制对方，如把他写给你的便条，他送给你的淫秽画片或书刊、录像、光盘等留下来，这些都是证据。

4.将情况告诉可以帮助你的家人和值得信赖的朋友，求得他们的帮助和支持。

5.向老师或者有关部门反映，求得他们的帮助。

性骚扰一旦发生，不要逃避，要学会勇敢地保护自己的合法权益，要早日调节好自己的心态，可以进行心理咨询和心理治疗，尽早地开始新的生活。

如何抵制黄色书刊的侵害

黄色书刊会使我们的内心和精神受到严重折磨，所以，我们一定要抵制黄色书刊的侵害。可以从以下几方面做起。

1. 端正认识，从自己做起。要戒除对色情小说的"迷"，必须对自己下得了狠心，单靠外界压力是不能解决根本问题的。

2. 循序渐进。一方面是表现在时间上的渐进。保证上课不看，在学校里不看，把学

习以外的时间安排得满满的。另一方面，在内容
上也要循序渐进。要逐步看一些与学习有关的报
纸，如《中学生报》《英语报》等，还可以看有
趣的科普书籍。此外，还要培养广泛的兴趣，如
练书法、弹吉他、打球、下棋等，课外生活丰富
了，就不会再迷恋黄色书刊了。

3.增加学习兴趣。如果对学习有强烈的兴
趣，每天忙于学习就无暇看此类书刊了。

4.请周围的人监督帮助。把自己的决心告诉
老师、父母、身边的同学，让他们提醒你不要丧
失自己的意志力。

通过这些努力，相信你一定可以防止黄色
书刊对你的侵害。

怎样健康地玩电子游戏

一方面，电子游戏可以开发人的智力，锻炼人的动手能力和快速反应能力；另一方面，痴迷于电子游戏会损害健康、荒废学业，甚至成为点燃死亡的导火索。

长时间玩游戏的人，会患上一种"游戏综合

征"，出现情绪低落、头昏眼花、双手颤抖、疲乏无力、食欲不振等症状，还伴随有如自主神经功能紊乱、激素水平失衡、紧张性头痛等一系列疾病。

少年儿童自制力一般比较差，经常玩着玩着就上了瘾，晚上不睡觉，上课打瞌睡，时间一长，沦为游戏的"奴隶"，把自己的主业——学习忘到九霄云外了。沉迷于游戏的孩子一般都学习不好。电子游戏已成为学生分心、家长担心、教师烦心、学校忧心的"洪水猛兽"。如果你已经沉迷于电子游戏中，必须采取恰当措施帮助自己摆脱来自电子游戏的诱惑，改掉迷恋电子游戏的坏习惯。

梦 想 的 力 量

<ruby>如<rt>rú</rt></ruby><ruby>何<rt>hé</rt></ruby><ruby>爱<rt>ài</rt></ruby><ruby>护<rt>hù</rt></ruby><ruby>公<rt>gōng</rt></ruby><ruby>共<rt>gòng</rt></ruby><ruby>卫<rt>wèi</rt></ruby><ruby>生<rt>shēng</rt></ruby>

<ruby>公<rt>gōng</rt></ruby><ruby>共<rt>gòng</rt></ruby><ruby>卫<rt>wèi</rt></ruby><ruby>生<rt>shēng</rt></ruby><ruby>是<rt>shì</rt></ruby><ruby>大<rt>dà</rt></ruby><ruby>家<rt>jiā</rt></ruby><ruby>共<rt>gòng</rt></ruby><ruby>同<rt>tóng</rt></ruby><ruby>的<rt>de</rt></ruby><ruby>卫<rt>wèi</rt></ruby><ruby>生<rt>shēng</rt></ruby>，<ruby>需<rt>xū</rt></ruby><ruby>要<rt>yào</rt></ruby><ruby>全<rt>quán</rt></ruby><ruby>社<rt>shè</rt></ruby><ruby>会<rt>huì</rt></ruby><ruby>所<rt>suǒ</rt></ruby><ruby>有<rt>yǒu</rt></ruby><ruby>的<rt>de</rt></ruby><ruby>人<rt>rén</rt></ruby><ruby>去<rt>qù</rt></ruby><ruby>爱<rt>ài</rt></ruby><ruby>护<rt>hù</rt></ruby>、<ruby>去<rt>qù</rt></ruby><ruby>保<rt>bǎo</rt></ruby><ruby>持<rt>chí</rt></ruby>。<ruby>公<rt>gōng</rt></ruby><ruby>共<rt>gòng</rt></ruby><ruby>卫<rt>wèi</rt></ruby><ruby>生<rt>shēng</rt></ruby><ruby>环<rt>huán</rt></ruby><ruby>境<rt>jìng</rt></ruby><ruby>的<rt>de</rt></ruby><ruby>好<rt>hǎo</rt></ruby><ruby>坏<rt>huài</rt></ruby><ruby>已<rt>yǐ</rt></ruby><ruby>经<rt>jīng</rt></ruby><ruby>是<rt>shì</rt></ruby><ruby>衡<rt>héng</rt></ruby><ruby>量<rt>liáng</rt></ruby><ruby>一<rt>yī</rt></ruby><ruby>个<rt>gè</rt></ruby><ruby>城<rt>chéng</rt></ruby><ruby>市<rt>shì</rt></ruby>、<ruby>一<rt>yī</rt></ruby><ruby>个<rt>gè</rt></ruby><ruby>地<rt>dì</rt></ruby><ruby>区<rt>qū</rt></ruby><ruby>人<rt>rén</rt></ruby><ruby>民<rt>mín</rt></ruby><ruby>文<rt>wén</rt></ruby><ruby>明<rt>míng</rt></ruby><ruby>与<rt>yǔ</rt></ruby><ruby>否<rt>fǒu</rt></ruby><ruby>的<rt>de</rt></ruby><ruby>标<rt>biāo</rt></ruby><ruby>志<rt>zhì</rt></ruby>。<ruby>我<rt>wǒ</rt></ruby><ruby>们<rt>men</rt></ruby><ruby>作<rt>zuò</rt></ruby><ruby>为<rt>wéi</rt></ruby><ruby>学<rt>xué</rt></ruby><ruby>生<rt>sheng</rt></ruby>，<ruby>更<rt>gèng</rt></ruby><ruby>应<rt>yīng</rt></ruby><ruby>该<rt>gāi</rt></ruby><ruby>以<rt>yǐ</rt></ruby><ruby>身<rt>shēn</rt></ruby><ruby>作<rt>zuò</rt></ruby><ruby>则<rt>zé</rt></ruby>。

1. 不随地吐痰，不乱涂乱画。果皮、纸屑等杂物要扔到垃圾箱里，如果附近没有垃圾箱，就用袋子带走。

2. 不在公共场合大声喧哗。

3. 遇到不讲公共卫生的人，要及时制止。

4. 遵守《公共场所文明公约》，做到随时爱护公共卫生。

讲究公共卫生不仅有利于环境的保护，也是我们自身素质的体现。所以，爱护公共卫生要从我做起，从现在做起。

梦 想 的 力 量

如何对待迷信活动

mí xìn bù tóng yú zōng jiào xìn yǎng　　tā shì máng mù dì xìn yǎng chóng

迷信不同于宗教信仰，它是盲目的信仰 崇

bài　　yǒu xiē gǎo mí xìn de rén　　tōng guò mí xìn huó dòng piàn qǔ bié ren cái

拜。有些搞迷信的人，通过迷信活动 骗取别人财

wù　　hái yǒu xiē rén jìng rán xiāng xìn zhè xiē gǎo mí xìn de rén　　ràng tā men

物，还有些人竟然相信这些搞迷信的人，让他们

qū bìng qù zāi　　　jié guǒ zào chéng rén cái liǎng kōng

"祛病去灾"，结果造成人财两空。

对待这些迷信活动，我们要做到：相信科学，反对迷信。自己和家里人都不参与迷信活动。遇到搞迷信活动的人，要用科学知识为武器，识破他们的假象，用摆事实、讲道理的方法，破除迷信活动。

如果迷信活动已经危害社会、坑害人民，一定要及时报告公安部门，以免产生严重的后果。

如何识别交通信号灯

在繁忙的十字路口，几个方向来的车都汇集在这儿，有的要直行，有的要拐弯，到底让谁先走？这就要听从交通信号灯指挥了。交通信号灯是不出声的"交通警察"。我们要保证自己的交通安全就必须注意交通信号灯，听从它

de zhǐ huī
的指挥。

jiāo tōng xìn hào dēng de hán yì　　　lǜ dēng liàng shí　　zhǔn xǔ chē liàng
交通信号灯的含义：绿灯亮时，准许车辆

xíng rén tōng xíng　huáng dēng liàng shí　　bù zhǔn chē liàng xíng rén tōng xíng　　dàn
行人通行；黄灯亮时，不准车辆行人通行，但

yǐ jìn rù rén xíng dào de chē liàng xíng rén　　kě yǐ jì xù tōng xíng　hóng
已进入人行道的车辆行人，可以继续通行；红

dēng liàng shí　　bù zhǔn tōng xíng　huáng dēng shǎn shuò shí　　xū zài què bǎo
灯亮时，不准通行；黄灯闪烁时，须在确保

ān quán de yuán zé xià tōng xíng
安全的原则下通行。

如何安全骑车过路口

我们在骑车过路口时，千万不能心不在焉。我们不仅要看红绿灯，还要注意自己前方的车辆给自己的信号。

若是汽车一侧的方向灯一闪一闪的，这是在告诉人们：我要转弯了。当看到汽车的方向灯闪烁时，我们不要抢道，应及时避让远一点，让汽车先通过。所以，我们在骑车过路口时，除了注意来往直行的车辆外，还要注意避让转弯行驶的车辆。

rú hé tíng fàng zì xíng chē
如何停放自行车

从城市到农村，越来越多的中小学生骑自行车上下学。骑车时，需要注意安全，停放车时，也要注意安全。因为，自行车失窃现象很严重。

把自行车停放在安全的位置，尽量不要放在墙角或隐藏处。如果家里有院子，就放在家里，如果有车库或车篷，就不要放

zài zǒu dào shang
在 走 道 上 。

zài wài miàn　yào
在 外 面 ， 要

jì cún zài kān chē
寄 存 在 看 车

chù　　xīn chē
处 。 新 车 、

gāo dàng chē zuì
高 档 车 最

hǎo bù yào fàng
好 不 要 放

zài　hù　wài
在 户 外 ，

chē suǒ yě yào yòng hǎo de　　zhǎo hǎo wèi zhì yǐ hòu　　yī dìng yào bǎ chē suǒ
车 锁 也 要 用 好 的 。 找 好 位 置 以 后 ， 一 定 要 把 车 锁

hǎo　chē suǒ bì xū láo gù　　rú guǒ zhǐ shì fàng yī xià　　mǎ shàng jiù
好 ， 车 锁 必 须 牢 固 。 如 果 只 是 放 一 下 ， 马 上 就

zǒu　yě bù yào pà má fan　　yào bǎ chē shàng suǒ
走 ， 也 不 要 怕 麻 烦 ， 要 把 车 上 锁 。

如何安全骑车

骑自行车要在非机动车道上靠右边行驶，不逆行；转弯时不抢行猛拐，要提前减慢速度，看清四周情况，以明确的手势示意后再转弯。经过交叉路口，要减速慢行、注意来往的行人、车辆；不闯红灯，遇到红灯要停车等候，待绿灯亮了再继续前行。骑车时不要双手撒把，不多人并骑，不互相攀扶，不互相追逐、打闹。更不可攀扶机

动车辆，不载过重的东西，不骑车带人，不在骑车时戴耳机听广播或音乐。

公路上风沙大，容易有异物进入眼睛，所以骑自行车最好戴上防护眼镜。如果发生意外，应马上把车子抛掉，人向另一侧跌倒。同时全身肌肉绷紧，尽可能用身体的一部分面积接触地面。切记：千万不要用单手、单肩着地，更不要用头部着地。

骑车途中遇雨，不要为了免遭雨淋而埋头猛骑。雨天骑车，最好穿雨衣、雨披，不要一手持伞、一手扶车把骑行。雪天骑车，自行车轮胎不要充气太足，这样可以增加与地面的摩擦，不易滑倒。而且应与前面的车辆、行人保持较大的距离。骑车要选择无冰冻、雪层浅的平坦路面，不要猛捏车闸，不急拐弯，拐弯的角度也应尽

liàng dà xiē
量大些。

yào jīng cháng
要经常

jiǎn xiū zì xíng
检修自行

chē bǎo chí chē
车，保持车

kuàng wán hǎo
况 完好。

chē zhá   chē líng
车闸、车铃

shì fǒu líng mǐn   zhèng cháng yóu qí zhòng yào
是否灵敏、正常尤其重要。

guó jiā   dào lù jiāo tōng ān quán fǎ   guī dìng   wèi mǎn shí èr zhōu suì
国家《道路交通安全法》规定：未满十二周岁

de ér tóng yán jìn zài mǎ lù shang qí zì xíng chē   suǒ yǐ wèi le zì jǐ de ān
的儿童严禁在马路上骑自行车。所以为了自己的安

quán   yī dìng yào zūn shǒu cǐ xiàng jiāo tōng guī zé   wèi mǎn shí èr zhōu suì jué
全，一定要遵守此项交通规则，未满十二周岁绝

bù qí zì xíng chē shàng lù   bù néng qí zhe ér tóng zhuān yòng de zì xíng
不骑自行车上路。不能骑着儿童专用的自行

chē shàng lù   yīng xuǎn zé bù xíng huò zhě chéng zuò gōng jiāo chē shàng xué
车上路，应选择步行或者乘坐公交车上学、

huí jiā
回家。

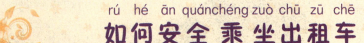
rú hé ān quán chéng zuò chū zū chē
如何安全乘坐出租车

　　chéng chū zū chē shí　　　yào zhàn zài zhàn tái shang huò guī dìng zhǔn xǔ
　　乘 出 租 车 时， 要 站 在 站 台 上 或 规 定 准 许

chū zū chē tíng chē de lù biān zhāo shǒu lán chéng shàng le chū zū chē guān
出 租 车 停 车 的 路 边 招 手 拦 乘。 上 了 出 租 车， 关

hǎo chē mén　 bìng àn xià
好 车 门， 并 按 下

mén suǒ　 chē kāi dòng
门 锁。 车 开 动

hòu bù yào suí biàn dòng
后 不 要 随 便 动

mén de kāi guān　 yǐ
门 的 开 关， 以

miǎn yǐn qǐ shì gù
免 引 起 事 故。

xià chē shí　 àn jì jià
下 车 时， 按 计 价

qì jīn é fù fèi　 bìng
器 金 额 付 费， 并

suǒ yào fā piào　 yǐ bèi
索 要 发 票， 以 备

yǒu dōng xi yí wàng zài
有 东 西 遗 忘 在

chē shang kě jí shí àn
车 上， 可 及 时 按

chē piào shang de chē hào jí diàn huà yǔ sī jī lián xì dào dá mù dì dì
车票上的车号及电话与司机联系。到达目的地

hòu yào kāi yòu biān de chē mén xià chē tóng shí yào zhù yì mén wài yǒu wú
后，要开右边的车门下车，同时要注意门外有无

chē liàng huò xíng rén tōng guò
车辆或行人通过。

如何避让机动车

你们知道汽车指示灯的含义吗？弄清楚汽车指示灯的含义是很重要的。当汽车拐弯、刹车的时候都会先用指示灯给行人、车辆打招呼。懂得这些指示灯的含义会令我们的出行更安全。

汽车前面的两个红指示灯都亮时，表示汽车直线前进；左边的指示灯亮时，表示汽车向左转弯；右边的指示灯亮时，表示汽车向右转弯。

<ruby>汽<rt>qì</rt></ruby><ruby>车<rt>chē</rt></ruby><ruby>尾<rt>wěi</rt></ruby><ruby>部<rt>bù</rt></ruby><ruby>两<rt>liǎng</rt></ruby><ruby>旁<rt>páng</rt></ruby>的<ruby>小<rt>xiǎo</rt></ruby><ruby>红<rt>hóng</rt></ruby><ruby>灯<rt>dēng</rt></ruby>，<ruby>叫<rt>jiào</rt></ruby><ruby>刹<rt>shā</rt></ruby><ruby>车<rt>chē</rt></ruby><ruby>灯<rt>dēng</rt></ruby>。<ruby>当<rt>dāng</rt></ruby>它<ruby>闪<rt>shǎn</rt></ruby><ruby>亮<rt>liàng</rt></ruby><ruby>时<rt>shí</rt></ruby>，<ruby>表<rt>biǎo</rt></ruby><ruby>示<rt>shì</rt></ruby>"<ruby>本<rt>běn</rt></ruby><ruby>车<rt>chē</rt></ruby><ruby>将<rt>jiāng</rt></ruby><ruby>要<rt>yào</rt></ruby><ruby>刹<rt>shā</rt></ruby><ruby>车<rt>chē</rt></ruby>，<ruby>请<rt>qǐng</rt></ruby><ruby>后<rt>hòu</rt></ruby><ruby>面<rt>miàn</rt></ruby>的<ruby>车<rt>chē</rt></ruby><ruby>辆<rt>liàng</rt></ruby><ruby>减<rt>jiǎn</rt></ruby><ruby>速<rt>sù</rt></ruby><ruby>并<rt>bìng</rt></ruby><ruby>保<rt>bǎo</rt></ruby><ruby>持<rt>chí</rt></ruby><ruby>车<rt>chē</rt></ruby><ruby>距<rt>jù</rt></ruby>"。

<ruby>还<rt>hái</rt></ruby><ruby>有<rt>yǒu</rt></ruby><ruby>一<rt>yī</rt></ruby><ruby>些<rt>xiē</rt></ruby><ruby>特<rt>tè</rt></ruby><ruby>种<rt>zhǒng</rt></ruby><ruby>车<rt>chē</rt></ruby><ruby>辆<rt>liàng</rt></ruby>，<ruby>如<rt>rú</rt></ruby><ruby>消<rt>xiāo</rt></ruby><ruby>防<rt>fáng</rt></ruby><ruby>车<rt>chē</rt></ruby>、<ruby>救<rt>jiù</rt></ruby><ruby>护<rt>hù</rt></ruby><ruby>车<rt>chē</rt></ruby>、<ruby>警<rt>jǐng</rt></ruby><ruby>车<rt>chē</rt></ruby><ruby>等<rt>děng</rt></ruby><ruby>出<rt>chū</rt></ruby><ruby>动<rt>dòng</rt></ruby><ruby>是<rt>shì</rt></ruby><ruby>为<rt>wèi</rt></ruby><ruby>了<rt>le</rt></ruby><ruby>执<rt>zhí</rt></ruby><ruby>行<rt>xíng</rt></ruby><ruby>紧<rt>jǐn</rt></ruby><ruby>急<rt>jí</rt></ruby><ruby>公<rt>gōng</rt></ruby><ruby>务<rt>wù</rt></ruby>，<ruby>一<rt>yī</rt></ruby><ruby>般<rt>bān</rt></ruby><ruby>车<rt>chē</rt></ruby><ruby>顶<rt>dǐng</rt></ruby><ruby>上<rt>shang</rt></ruby><ruby>都<rt>dōu</rt></ruby><ruby>装<rt>zhuāng</rt></ruby><ruby>有<rt>yǒu</rt></ruby><ruby>标<rt>biāo</rt></ruby><ruby>志<rt>zhì</rt></ruby><ruby>灯<rt>dēng</rt></ruby>。<ruby>当<rt>dāng</rt></ruby><ruby>标<rt>biāo</rt></ruby><ruby>志<rt>zhì</rt></ruby><ruby>灯<rt>dēng</rt></ruby><ruby>灯<rt>dēng</rt></ruby><ruby>光<rt>guāng</rt></ruby><ruby>闪<rt>shǎn</rt></ruby><ruby>烁<rt>shuò</rt></ruby>，<ruby>并<rt>bìng</rt></ruby><ruby>伴<rt>bàn</rt></ruby><ruby>有<rt>yǒu</rt></ruby><ruby>鸣<rt>míng</rt></ruby><ruby>笛<rt>dí</rt></ruby><ruby>声<rt>shēng</rt></ruby><ruby>时<rt>shí</rt></ruby>，<ruby>表<rt>biǎo</rt></ruby><ruby>示<rt>shì</rt></ruby>"<ruby>请<rt>qǐng</rt></ruby><ruby>车<rt>chē</rt></ruby><ruby>辆<rt>liàng</rt></ruby>、<ruby>行<rt>xíng</rt></ruby><ruby>人<rt>rén</rt></ruby><ruby>主<rt>zhǔ</rt></ruby><ruby>动<rt>dòng</rt></ruby><ruby>让<rt>ràng</rt></ruby><ruby>行<rt>xíng</rt></ruby>"。

遇到交通事故怎么办
yù dào jiāo tōng shì gù zěn me bàn

据世界卫生组织统计，2000 年，全球 126 万
jù shì jiè wèi shēng zǔ zhī tǒng jì　　nián　quán qiú　　wàn

人死于车祸。在人类死亡和发病的原因中，车祸
rén sǐ yú chē huò　zài rén lèi sǐ wáng hé fā bìng de yuán yīn zhōng chē huò

排在第 9 位。到 2020 年，车祸致人死伤的排名，
pái zài dì wèi dào nián chē huò zhì rén sǐ shāng de pái míng

将提前到第 3 位，远远高于艾滋病、疟疾等疾
jiāng tí qián dào dì wèi yuǎn yuǎn gāo yú ài zī bìng nüè ji děng jí

病。月有阴晴圆缺，人有旦夕祸福。如果遇到他
bìng yuè yǒu yīn qíng yuán quē rén yǒu dàn xī huò fú rú guǒ yù dào tā

人发生车祸，在这种紧急的时刻，你该怎么办才能使自己不卷入其中？怎样才能使肇事者得到应有的惩处呢？

一旦周围发生交通事故，我们首先要记下肇事车辆的车牌号，及时报案，保护事故现场。如果发生了同伴受伤的情况，千万不要惊慌，要及时给急救中心打电话。在自己不清楚同伴哪里受伤的情况下，不要动他。如果有出血情况，应及时止血，也可以向路人求助。若在校外发生交通事故，除及时报案外，还应该及时与学校或家里取得联系，由学校或家人出面处理有关事宜。如果事故发生现场有汽油、大火等，则要立即远离事故现场。

上学遇到堵车怎么办

据统计,全国各大城市,每年车辆增加的速度远远超过道路扩修的速度。所以每天上下班时间,堵车现象都会很严重。我们放学的时间比下班早,所以不会堵车,但是上学的时候,同学们是不是都遇到过堵车现象啊?

每天坐公交

车上学的同学，要估计好时间，提前出发。如果遇到堵车，千万不要急着下车，更不要在街上乱跑，要明白"欲速则不达"的道理。如果离学校很近，堵车情况又很严重，你可以向司机说明情况，提前下车，但还是必须走在人行道上，遵守交通规则。

有的同学因为堵车而迟到时，怕老师批评，就不敢进教室。这是不对的，同学们向老师说明情况，老师一般都会谅解的。

行走时汽车迎面而来怎么办

同学们上学、放学的时候若赶上交通高峰，街上车来人往，秩序就会有些混乱。这个时候，是交通事故极易发生的时刻。试想，当汽车朝我们撞过来时，我们该如何做呢？那几秒钟的时间，决定着我们的生死。但是只要

我们掌握一些自卫技巧，是完全有可能死里逃生的。

如果来不及闪身躲到一边，可急速挺出一边的肩膀，这样做有可能使你与车擦身而过。即便不能完全闪开而被撞倒，也会使肩膀先着地，伤势会轻些。如果你发现时，车子已经来到眼前来不及躲闪，就干脆跳到汽车引擎盖上，再从汽车侧面滚下来。身体着地时，最好是臀部先着地，双手要护住头部。

做不到主动逃避，就冒险地跳跃起来，像运动员一样，用力向上跳起，这样你可能被撞到一边去，可这样只是让你受点伤而已。如果形势逼人，不容你做一切逃避措施，你也要用手抱住头。因为行人被车撞倒，头最容易受伤。

梦 想 的 力 量

rú hé yìng duì zhuǎn wān de chē liàng
如何应对转弯的车辆

你知道汽车是怎样转弯的吗？汽车是依靠前轮来转弯的。随着前轮的转动，汽车车身也逐渐改变方向。但是前后两只轮子不是走在同一条弧线上，而是有一定距离差别的，这个差距称"内轮差"。因此，我们碰到要转弯的汽车，不能

靠得太近，不要以为汽车的前轮过去就没事了。因为有"内轮差"，如果离转弯的汽车太近，很可能会被后轮撞倒压伤。所以我们在穿过马路时，除了注意来往直行的车辆外，还要注意避让转弯行驶的车辆。

我们在道路上行走时，千万不能心不在焉。我们不仅要看红绿灯，还要注意自己前方的车辆给自己的信号。若是汽车一侧的方向灯一闪一闪的，这是在告诫人们：我要转弯了。当看到方向灯闪亮时，我们不要抢道，应及时避让远一点，让汽车先通过。

如何应对汽车急刹车

乘坐机动车时，我们常会遇到急刹车的情况。在那一瞬间，我们可以安全度过，但也可能会受伤，而所有这一切，都取决于我们是否知道急刹车时的自我保护措施。

打瞌睡时，头不要靠在车窗玻璃上，防止发生事故时被玻璃划伤。要尽量将头和身体靠在自己座位的椅背上，以防止刹车时，头部在前冲后仰中受到撞

击。如果你坐在后排，可以将轻便衣物放在靠背上，这样，可避免在急刹车中，头部与玻璃或车体直接相撞。

突然发生刹车，我们应迅速用手保护好头部和胸部，以避免受伤。

在行车过程中，我们最好不要在车门附近站立，更不能靠在车门上，以防止刹车时无意间碰到门锁，将车门打开，从行驶的车上掉下。

梦 想 的 力 量

gōng jiāo chē shang yù dào liú máng zěn me bàn
公交车上遇到流氓怎么办

zài chéng zuò gōng jiāo chē shí　　nǚ hái zi yǒu shí huì yù dào yī xiē liú
在乘坐公交车时，女孩子有时会遇到一些流

máng de sāo rǎo　　yù dào zhè zhǒng qíng kuàng　　yào jiā qiáng zì wǒ fáng hù yì
氓的骚扰，遇到这种情况，要加强自我防护意

shí　　fǒu zé fàn zuì fèn zǐ huì lì yòng xǔ duō nǚ hái zi de hài xiū xīn lǐ ér
识，否则犯罪分子会利用许多女孩子的害羞心理而

gèng jiā xiāozhāng
更加嚣张。

yù dào fàn zuì fèn zǐ　　shǒuxiān bù yào hài pà
遇到犯罪分子，首先不要害怕，

fǒu zé zhǐ néngzhèngmíng zì jǐ
否则只能证明自己

de dǎn qiè　　shǐ duì fāng
的胆怯，使对方

gèng jiā fàng sì　　cǐ
更加放肆；此

shí zuì hǎo shì yuǎn lí
时最好是远离

tā　　zhàn dào nǚ xìng
他，站到女性

bǐ jiào jí zhōng de dì
比较集中的地

fang huò zhě kào jìn sī jī
方或者靠近司机

78

的地方或用胳膊肘猛地撞他一下。因为公共场所人多，流氓内心发虚，只要勇敢反抗，流氓就不敢再怎么样。

当乘坐的公交车非常拥挤，并发现有流氓骚扰你的胸部时，可以将自己的包放到胸前，以阻止流氓对你的骚扰。如果流氓还是不离开的话，还可以勇敢地踩他一脚，制止其罪恶行为。如果他恶言相向，也可以直接告诉乘务人员或拨打"110"求助。

当看到自己的同伴受到骚扰时，可以用"这里好热，我们换个地方吧"之类的借口带着自己的同伴脱离魔爪。

总之，遇到流氓时千万不可软弱、忍耐，这样只能让流氓更加肆意妄为。

同学叫你去马路边踢球怎么办

放学后，很多小学生不愿直接回家，而是和同学们在路上玩耍。尤其是男同学，喜欢在回家的路上玩耍打闹，有的同学还在路上进行球类活动，把马路当作自己的游乐场。这样做是非常危险的。

马路上来往的车辆很多，行驶速度非常快。

如果选择在这种地方踢球，车辆通行时往往会躲闪不

jí niàng chéng dà huò　　　 tī zú qiú yào zài xué xiào cāo chǎng　 huò shì shì wài
及，酿成大祸。踢足球要在学校操场，或是室外

guǎng chǎng shang jìn xíng
广场上进行。

　　　　 wèi le zì jǐ de shēng mìng ān quán　　 qiān wàn bù yào zài xíng chē dào
　　　　为了自己的生命安全，千万不要在行车道

shang wán shuǎ　　 suǒ yǐ　　 dāng tóng xué jiào nǐ qù mǎ lù shang wán shí　　 nǐ
上玩耍。所以，当同学叫你去马路上玩时，你

yī dìng yào jù jué　　 hái yào duì zhè xiē tóng xué jiā yǐ zhì zhǐ
一定要拒绝，还要对这些同学加以制止。

yù dào tè zhǒng chē jīng guò zěn me bàn
遇到特种车经过怎么办

tè zhǒng chē shì zhǐ guó jiā yǒu guān fǎ guī míng què guī dìng de jù
特种车是指国家有关法规明确规定的，具

yǒu gōng gòng yìng jí qiǎng xiǎn chǔ zhì gōng néng de chē liàng bāo kuò lán bái sè
有公共应急抢险处置功能的车辆，包括蓝白色

jǐng wù chē hóng sè xiāo fáng chē bái sè jiù hù chē hé huáng sè gōng chéng
警务车、红色消防车、白色救护车和黄色工程

qiǎng xiǎn chē tā men fēn bié ān zhuāng gù dìng shì de hóng lán sè hóng
抢险车，它们分别安装固定式的红蓝色、红

sè lán sè hé huáng sè jǐng shì dēng
色、蓝色和黄色警示灯。

wǒ men zài jiàn dào zhè xiē tè zhǒng chē liàng shí bù yào yīn wèi hào qí
我们在见到这些特种车辆时，不要因为好奇

jiù tíng xià lai wéi guān zhè yàng hěn róng yì zào chéng jiāo tōng shì gù tóng
就停下来围观，这样很容易造成交通事故，同

shí huì yǐng xiǎng tè
时会影响特

zhǒng chē liàng de xíng
种车辆的行

shǐ yán wù jiù yuán
驶，延误救援

shí jī jiāo tōng fǎ
时机。交通法

guī guī dìng yī qiè
规规定：一切

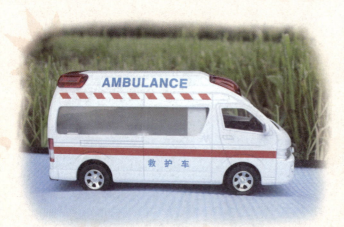

chē liàng hé xíng rén dōu bì xū ràng zhí xíng rèn wu de jǐng chē xiāo fáng chē
车辆和行人都必须让执行任务的警车、消防车、

jiù hù chē hé qiǎng xiǎn chē xiān xíng tè zhǒng chē liàng wǎng wǎng yīn wèi yǒu
救护车和抢险车先行。特种车辆往往因为有

jǐn jí rèn wu ér chē sù jiào kuài àn yǒu guān guī dìng rú guǒ shuí fáng ài
紧急任务而车速较快，按有关规定，如果谁妨碍

le zhè xiē chē liàng de xíng shǐ chū le chē huò yào zì jǐ fù zé wǒ men
了这些车辆的行驶，出了车祸要自己负责。我们

yù dào zhè xiē chē liàng shí yīng gāi jí shí bì ràng yǐ miǎn fā shēng jiāo
遇到这些车辆时，应该及时避让，以免发生交

tōng shì gù
通事故。

乘 火车如何防盗 抢

我们在旅游或者探亲的时候，经常要乘坐火车，在乘坐火车的过程中，一定要注意防盗、防抢，以免遭受不必要的损失。

首先，要防止被人调包。因为有时候盗窃犯会将他的包放在你的旁边，然后乘你不备，拿走你的包。就算被发现了，盗窃犯也会搪塞过去，说自己拿错了。为了防止调包，要做好以下几点。

把旅行袋放到行李架上后，在乘车

过程 中不要移动变换位置，也不要不断从袋中取东西，尽量不让罪犯发现袋、包的主人。临时用的东西，如毛巾、牙具、水果、书籍等，可放在身边的小兜子里；旅行袋应该放在时刻 能看到的位置，如果放在身后或者正上方，自己看不方便，别人动的时候也不易察觉；携带多个旅行袋时，最好用链式锁锁在一起，以防行李包分散被人调包。

防止浑水摸鱼。罪犯会利用人强烈的好奇心，在车上趁旅客发生 争吵或故意制造 争吵假象，伺机偷窃。所以要在这个时候提高警惕。

防止顺手牵羊。外衣挂在衣帽钩上时，如果衣物里有钱物，盗窃犯会将自己的衣物挂在你的 上面，等你不注意时，拿走你的钱物。有时候，在你入睡时，盗窃分子会用手先碰一下你，看你是否真

的睡着了，如果让盗窃分子发现你睡着后，就会乘机作案。盗窃分子还会以没有座位为由坐在地板上假装睡觉，伺机偷盗。

防止上下车时被盗。上下车时较为拥挤，此时，旅客的警惕心容易放松，小偷就会乘机盗走你的东西。犯罪分子常常借助刀片，趁旅客上下车走动时割开旅客的背包，窃取钱财；小偷还常常利用各种各样的随身携带物品，有的将

衣服搭在胳膊上，有的举个空兜子，有的拿一副手套或者草帽，有的一只手抱个小孩子，在人群中挤来挤去，边挤边掏。因此，在上下车和乘车时要注意将物品随身携带好。

防止汽笛响起时被抢东西。为了避免歹徒抢夺，在乘车时要注意不要将贵重物品摆在茶桌上，否则会给犯罪分子留下可乘之机。

防止列车到站时被盗。列车到站时要特别注意看管好自己的行李物品，防止别的下车旅客拿错行李或小偷趁乱行窃。不要将装有钱包和手机的衣服挂在衣帽钩上，或趴在小桌上、躺在座椅上睡觉；卧铺车的旅客睡觉前要把自己的钱包、手机等贵重物品妥善保管好。尽量不露财，特别是大财，以防小偷注意到你。

如何安全乘飞机

随着我国航空事业的发展和对外交流的扩大，乘坐飞机旅行的人越来越多，一些小朋友也有了多次国际国内飞行的经历。可你知道，在乘坐飞机的过程中，有哪些安全常识我们要牢记吗？

初次飞行者或身体不适者在飞机上会感到

耳胀心跳头痛，此时可张合口腔，或是咀嚼口香糖之

类的食物，使耳内压力减轻，消除不适。飞机起飞后，乘务员会通过录像或亲自示范讲解安全带、救生衣、紧急出口等设备设施的使用方法，要注意听讲并理解。

　　飞机上的一切用品均不能拿走，如厕所内的卫生用品，座椅背兜内的东西以及小毛毯、小垫子、塑料杯、刀叉等。晕机者可在起飞前半小时服用乘晕宁。一般座椅背兜中备有清洁袋，呕吐时，吐在袋内。